はじめに
大自然を感じる旅に出かけよう

　世界には、目を見張るほど美しく、おどろきに満ちあふれた、さまざまな「絶景」があります。

　自然現象によってできた景色には、どのようにして生まれたのか、形を変えてきたのかなど、長い年月を経た成り立ちや歴史がたくさんつまっています。

　1巻目では「大地」をテーマにした絶景を紹介しています。すさまじいパワーをもった火山や、地球の歴史が見られる地層のひみつなどの疑問を、科学的な視点から解き明かします。

　行きたい！　知りたい！　びっくり！　するような絶景をめぐる旅に出かけましょう。

びっくり！行きたい！知りたい！世界の大自然 ①大地の絶景

監修／井田仁康 筑波大学名誉教授

山の上にぽっかりあいた、

直径約100mの北の火口は、現在活動していない。エルタ・アレは標高が低く、間近で火山活動が見られる、地球上でも数少ない場所の一つ。

巨大な穴！

エルタ・アレ
エチオピア

まるで、隕石が落ちてできたクレーターのような巨大な穴。
きれいな円をえがいたこの穴は、頂上にある北の火口だ！

エルタ・アレはエチオピアのダナキル砂漠にある、標高613mの活火山です。地表にある火山の中ではもっとも低い火山とされています。「エルタ・アレ」とは現地にくらす人びとの言葉で「けむりの山」という意味です。

山頂には、北と南に2つの火口があり、南の火口は現在も活動を続ける、世界的にも数が少ない溶岩湖です。溶岩湖とは常に溶岩（マグマ）がわき上がって火口の中にたまり、湖のようになっている場所のことです。

真っ赤なひび割れは、今も続く火山活動のあかし

直径約60mの南の火口の中のようす。冷えて表面が固まった溶岩の下から、あふれ出てきた溶岩が、赤いひびのように見える。

エルタ・アレの南の火口は、現在も活発に活動を続けており、穴の中には溶岩が満たされ、溶岩湖となっている。

エルタ・アレの溶岩湖は活動中のものの中ではもっとも古く、標高の低い場所にあります。

火山には「楯状火山」「溶岩ドーム」「成層火山」という代表的な3つがあります。エルタ・アレは「楯状火山」です。溶岩のねばり気が弱くさらさらとしているため、ふき出した溶岩はすぐに流れ、山の形は平たくなります。

火山の種類を見てみよう！

楯状火山
溶岩のねばり気が弱く流れやすい。溶岩がうすく広がっていくため、山の形は平たい。溶岩の温度は高い(1200度くらい)。

代表的な山 エルタ・アレ(エチオピア)、キラウエア火山(アメリカ)

溶岩ドーム
溶岩のねばり気が強く、流れにくい。溶岩がゆっくり流れて広がらないため、おわんをさかさまにしたような山になる。溶岩の温度が低い(800度くらい)。

代表的な山 雲仙普賢岳(＝平成新山／日本)、ラッセン山(アメリカ)

成層火山
楯状火山と溶岩ドームの中間にあたる火山。噴火によって流れ出た溶岩が火口のまわりに積み重なり、円すい形の山になる。溶岩の温度は1000度くらい。

代表的な山 富士山(日本)、桜島(日本)

▲火山活動がおだやかなときの南の火口のようす。溶岩湖の表面は固まり、全体が真っ黒になっている。

7

ふき上げ流れる熱い溶岩！

おもな噴火のタイプ

ハワイ式噴火
多量のねばり気の少ない溶岩がふき出し、川のように流れ出す噴火。

ストロンボリ式噴火
ねばり気の少ない溶岩と燃える噴石を周期的にふき上げては止めることをくり返す噴火。

ブルカノ式噴火
ねばり気の多い溶岩によって火口がふさがれ、中の高まった圧力が爆発しておこる噴火。日本の火山に多いタイプ。

キラウエア火山
アメリカ

キラウエア火山は、世界でもっとも活発な活動を続ける火山の一つ。山の割れ目からふき上げる溶岩は「火のカーテン」ともよばれるほどだ。

ハワイ島は、キラウエア火山をはじめ、世界最大の火山をほこるマウナ・ロア山など、5つの火山が集まってできています。

キラウエア火山の噴火は、山頂だけでなく、山の斜面の割れ目からも溶岩がふき上がり、噴火が連続しておこると火のカーテンのようになります。

火山の噴火のしかたにはいくつかの種類（8ページ下図）があり、キラウエア火山はねばり気の弱い溶岩を連続でふき出し、しぶきをまき散らす楯状火山で、「ハワイ式噴火」というタイプです。溶岩をふき出すようすが噴水のように見えることから「溶岩噴泉」ともよばれます。

火山の中を見てみよう！

噴出物
噴火がおきたとき、いっしょにふき出る火山ガスや岩石のかけら。

火山灰
噴出物の岩石のかけらのなかでも、直径2mm以下の小さなもの。

側火山
火道がとちゅうで分かれ、山腹で噴火がおきてできた小さな火山。

溶岩
溶岩だまりから火道を通って、火口から流れ出てくる。

噴煙
火山からふき出すけむり。ガスだけのときは白っぽく、火山灰が増えるほど黒っぽくなる。

火砕流
溶岩のかけら、火山灰、火山ガスのはげしい流れ。

火道
溶岩だまりからのびた、溶岩が地表に出るために通る道。

溶岩だまり
地球の内部のマントルが上昇して溶け、溶岩となってたまったところ。

固まった溶岩
溶岩が地表までとどかず地中で固まってしまうこともある。

プリニー式噴火
ブルカノ式と同じ爆発でおこる噴火だが、大量の軽石とともに、柱のような噴煙を空高くふき上げる。

どこまでも広がる世界一の砂の海！

サハラ砂漠は、空から見ても果てがないほど広く、今も広がり続けている。気温は昼間は50度以上まで上がり、夜は0度近くまで下がる、寒暖差のあるきびしい気候だ。

サハラ砂漠
アフリカ大陸

アフリカ大陸の北側一帯をおおうサハラ砂漠は、世界一の広さをほこる砂漠。

サハラ砂漠は、東西5600km、南北1700km、面積にすると1000万平方kmにもなる広大な砂漠です。「サハラ」とはアラビア語で「砂漠」という意味です。

しかし、砂におおわれているのは全体の15%ほどで、乾燥したれき砂漠や、ごつごつした岩石が露出した岩石砂漠が広がっています。

▲砂の砂漠のイメージが強いサハラ砂漠だが、実際には約80%が岩石砂漠。

11

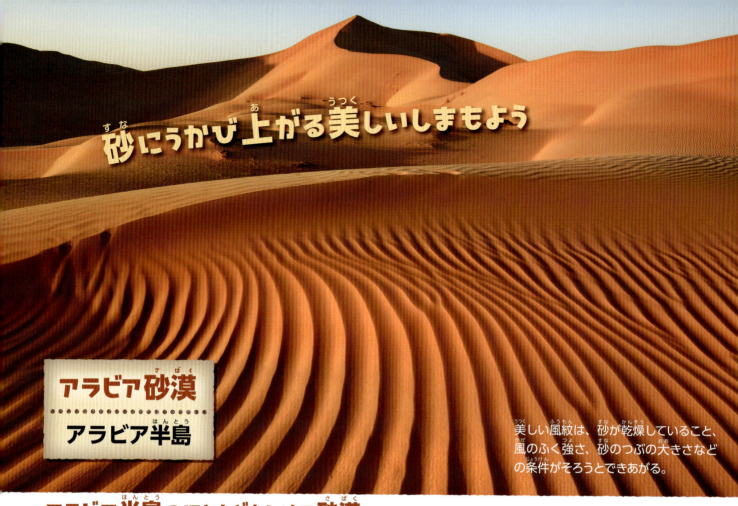

砂にうかび上がる美しいしまもよう

アラビア砂漠
アラビア半島

美しい風紋は、砂が乾燥していること、風のふく強さ、砂のつぶの大きさなどの条件がそろうとできあがる。

アラビア半島のほとんどをしめる砂漠。
砂丘には、1分、1秒単位で変化する、砂のもようがえがかれる。

自然がつくった絵画「風紋」

　風によって砂の表面にできるもようのことを「風紋」といいます。風がふくと、大きな砂のつぶは重いのでころころと転がるように動きます。小さな砂のつぶは軽いので、はねたり遠くへ飛んだりするように動きます。小さな砂のつぶがなくなったところは谷に、大きな砂のつぶは山の稜線に集まってとどまるので、それが波のように連なり、「風紋」ができます。

砂つぶ

砂でできたバラ!?

　サハラ砂漠などでは、「デザートローズ（砂漠のバラ）」ができます。見た目は白いバラのようですが、植物ではなく鉱物です。
　砂漠でもまれに降る雨が地下水となります。その地下水が地表で蒸発するときに、水に溶けていたミネラルが結晶化してバラのような形の鉱物になるのです。
　本来の鉱物は透明でなめらかですが、砂漠の砂がつくため表面はざらざらで、色は茶色になることもあります。

▲デザートローズ

リビア砂漠
リビア

砂漠の中に大きな池!?

リビア砂漠のマンダラ・オアシス。リビア砂漠にはいくつかのオアシスが点在している。

リビア砂漠はサハラ砂漠の東の一部をしめる。
一面の砂の中にあらわれたのは、青くかがやくオアシスだ。

どうして砂漠に水がわき出るの？

砂漠で自然に水がわき出し、植物がしげっている場所を「オアシス」といいます。

オアシスの水は、遠くで降った雨水が地下の岩にしみこんで、長い年月をかけて流れ、盆地のような低い土地で自然にわき出したものです。サハラ砂漠のオアシスは、アフリカ大陸北西のアトラス山脈に降った雨が地下水となってわき出ています。

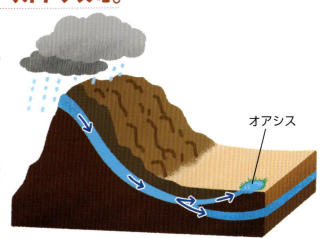

オアシス

日本にも砂漠がある!?

鳥取県には、まるで砂漠のような「砂丘」があります。

砂丘とは、砂が風にふき上げられて丘のようになった地形のことです。鳥取砂丘は、日本海からの海風で砂が内陸へ飛び、丘になりました。

砂丘では、表面がかわいたように見える砂をほってみると、しめった砂が出てくるのが特ちょうです。そのため、しめった砂の上をかわいた砂が流れ落ちてすだれ（簾）のように見える、「砂簾」という砂丘ならではの現象を見ることができます。

▶鳥取砂丘の「砂簾」。

▲鳥取砂丘。奥に見えるのは日本海。

全長約2400km！
世界の頂上が連なる山脈！

雲海のさらに上にそびえ立つヒマラヤ山脈。中央右寄りのもっとも高い山がエベレスト。その右には、世界で4番目に高いローツェ（8516m）がある。

ヒマラヤ山脈
中国（チベット）ほか

世界の高い山トップ10のうち9つを有するヒマラヤ山脈は、5つの国にまたがる全長約2400kmの巨大な山脈だ。

ヒマラヤ山脈には、世界一の標高をもつエベレスト（8848m）をはじめ、8000m級の山やまが並んでいます。地球上でもっとも宇宙空間に近い高所にあることから、「世界の屋根」ともよばれています。そして、ヒマラヤ山脈は世界最大級の大河であるガンジス川、黄河などの水源にもなっています。

氷におおわれた世界最高峰！

エベレストの山頂は、ネパールと中国の国境の上にある。この世界最高峰の頂上を目指し、年間600人ほどが山に登る。

山頂は飛行機が飛ぶ高さに近い!?

エベレストの山頂（8848m）は飛行機が飛ぶ高度約10000mに一番近い場所にあります。日本一の高さをほこる富士山（3776m）をたてに並べたとしても、2倍以上あります。

標高は8000mをこえると気圧が下がり、空気中の酸素濃度は地上の約3分の1にもなります。人が生存できないほど酸素濃度の低い高所の領域は、登山用語で「デスゾーン」とよばれ、登山をするときには酸素マスクが必要になります。

気圧が低いと水の沸点もかわります。平地では水が100度で沸騰するのに対し、8000mでは沸点が78度くらいまで下がります。火にかけ続けても、お湯の温度が上がらず蒸発してしまいます。

気温も0度を上回ることがなく、高速道路を走る車より速い風がふき荒れる、きびしい世界が広がっています。

そんな世界一高いエベレストの頂上が、むかしは海底だったということはあまり知られていません。エベレストの頂上からは、海の生き物の化石も見つかっています。

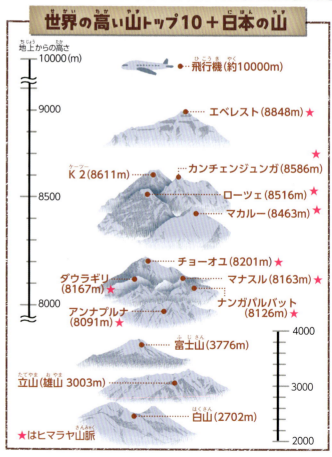

世界の高い山トップ10＋日本の山

ヒマラヤ山脈はどうやってできたの？

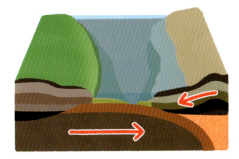
ゴンドワナ大陸から分かれたインドが北へ移動する。

インドとユーラシア大陸がぶつかる。

ぶつかったところが持ち上がる。

インドプレートがユーラシアプレートをおし続けて、山脈はさらに高くなる。

今から2億数千万年前、地球の大陸は「パンゲア」というとても大きな1つの大陸でした。そこから、北アメリカ、ユーラシア、ゴンドワナという大陸に分かれ、さらにゴンドワナ大陸からインドがはなれ、北へ移動しました。

そして、移動を続けたインド＊とユーラシア大陸がぶつかりました。2つの大陸の間にあった海底は大きくおし上げられて持ち上がり、ヒマラヤ山脈が生まれました。

エベレストの山頂の地層からは、三葉虫などの古代の海の生き物の化石が発掘されているほか、ヒマラヤ山脈では標高の低いところでもアンモナイトなどの化石が見つかっています。

そして、今もインドは年に5cmほど北上し続けているため、それにともなってエベレストも毎年数mmずつ高くなっているといいます。

ヨーロッパのアルプス山脈も、アフリカ大陸とユーラシア大陸がぶつかって生まれたものです。

＊ここでは、ほぼ現在のインドの国土となっている陸地のこと。

ヒマラヤ山脈の氷河がなくなる!?

ヒマラヤ山脈の氷河や雪解け水は、インダス川、ガンジス川、黄河、メコン川など、世界でも重要な河川の水源になっています。しかし、そのヒマラヤ山脈の氷河が、地球温暖化の影響で溶けているといいます。氷河が溶けて、けずられたくぼ地にできる氷河湖の数も増え続けています。

ヒマラヤ山脈のふもとはすでに、氷河の崩壊によって洪水などの大災害へつながり、人びとの生活にも影響が出ています。

▲ネパール・クンブ地方の氷河と氷河湖。

フライガイザーは、ブラックロック砂漠のフライ牧場の農地にあることから名づけられた。「ガイザー」とは「間欠泉」という意味。

色あざやかな岩からふき出る温泉！

フライガイザー
アメリカ

**何もない砂漠地帯にとつぜんあらわれた色あざやかな岩。
ふき出す熱水は止まることがなく、岩も少しずつ成長中。**

井戸をほったらぐうぜんできた温泉の噴水

　1960年代、アメリカのブラックロック砂漠に井戸をほっていたところ、熱水がふき出したのがきっかけとなってできた温泉です。岩の大きさは約3mで、熱水にふくまれる炭酸カルシウムが、噴出口のまわりで冷やし固められてをくり返し、だんだんと大きくなりました。岩は「噴泉塔」ともよばれます。

　約93度の熱水は一日中止まることなくふき出し続けていて、あふれた水はまわりで固まって棚田のような「石灰階段」をつくり出しています。

　岩の色があざやかなのは、熱水の高温でも死なない藻でおおわれているからです。

温泉はどうしてわくの？

　温泉には、雨や雪などの地中にしみこんだ水が、溶岩だまりの熱で温められてわき出る「火山性温泉」と、地中にしみこんだ水や地中にとじこめられた海水が地熱で温められてわき出る「非火山性温泉」があります。フライガイザーは「火山性温泉」です。

― 火山性温泉 ―

― 非火山性温泉 ―

化石海水型

深層地下水型

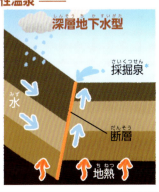

＊自噴泉は自然に噴出した温泉、採掘泉は地面を掘ってくみ上げた温泉のこと。

歴史が見える深さ約1600mの大峡谷！

46億年の地球の歴史のおよそ3分の1をきざんだ地層を一望できるグランド・キャニオンの絶景。コロラド川は現在も谷をけずり続けているため、少しずつ深くなっている。

グランド・キャニオン
アメリカ

グランド・キャニオンの地層

岩のしまもようは、16億8000万年前から2億5000万年前までの地層が重なってできたものだ。

積み重なった地層でわかる歴史

グランド・キャニオンは長さ約446km、深さ約1600mの大渓谷です。渓谷とは、山にはさまれた深い地形のことです。岩盤がおし上げられてできたコロラド高原が、長い年月をかけてコロラド川によってけずられ、みごとな地層があらわれました。見わたすかぎりの地層は、地球の歴史を感じさせてくれます。

地層って何？

地層とは、どろや砂、火山灰や石、生物の死がいなどが何重にも積み重なったものです。地層を調べれば、地球の活動や、生命の歴史がわかります。

ディメトロドン
約3億年前

石炭紀
シダ植物がしげり、大型昆虫が出現した

メガネウラ
約3億6000万年前

イクチオステガ
デボン紀
魚類が栄え、両生類が出現した
約4億9000万年前

カンブリア紀
三葉虫などが出現した
約5億4000万年前

三葉虫

先カンブリア紀
は虫類やほ乳類の祖先が栄えた
16億8000万年前

カルニオディスクス

引いたような波のもよう！

ザ・ウェーブ
アメリカ

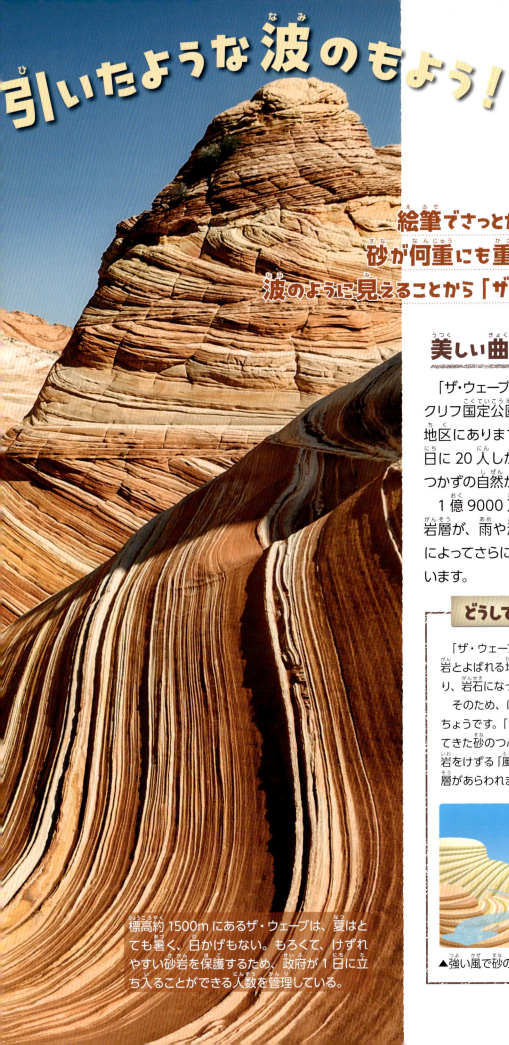

絵筆でさっとかいたような細い線は、砂が何重にも重なってできた砂岩層。波のように見えることから「ザ・ウェーブ」とよばれる。

美しい曲線をえがいた地層

「ザ・ウェーブ」は、アリゾナ州バーミリオン・クリフ国定公園のコヨーテ・ビュート・ノース地区にあります。自然保護区に指定され、1日に20人しか入ることができないため、手つかずの自然が残っています。

1億9000万年前のジュラ紀に堆積した砂岩層が、雨や洪水によってけずられた後、風によってさらにけずられ、今の形になったといいます。

どうして風が岩をけずるの？

「ザ・ウェーブ」の岩を形づくっているのは、砂岩とよばれる堆積した砂が長い年月をかけて固まり、岩石になった地層です。

そのため、ほかの岩石よりもやわらかいのが特ちょうです。「ザ・ウェーブ」では、風で飛ばされてきた砂のつぶが岩はだにぶつかり、やわらかい岩をけずる「風食」によって、流れる波のような地層があらわれました。

▲強い風で砂のつぶがぶつかり、岩はだがけずれる。

標高約1500mにあるザ・ウェーブは、夏はとても暑く、日かげもない。もろくて、けずれやすい砂岩を保護するため、政府が1日に立ち入ることができる人数を管理している。

23

砂漠に生えた巨大なきのこ!?

マッシュルームロック
エジプト

左のきのこ岩を別の角度から見たところ。左の小さな岩がにわとりに見えることから、「チキンとマッシュルーム」とよばれ、親しまれている。

雪がつもったような、真っ白な砂漠。
あらわれたのは、きのこのような巨大な岩。

砂嵐でつくられる岩の造形物

マッシュルームロックのあるエジプトの白砂漠はアラビア語で「サハラ・エル・ベイダ」とよばれます。砂漠には、石灰岩*とよばれる白い岩があちこちに点在しています。

エジプトでは春になると「ハムシーン」という砂嵐がふき荒れます。強い風でふき飛ぶ砂が、長い年月をかけて岩をけずり、変わった形の岩をつくります。圧縮した空気と砂をふきつけて、ガラスをけずってもようをかいたり、金属をみがいたりする「サンドブラスト」という技術があるように、強い風と砂の力を感じる絶景です。

*おもに炭酸カルシウムからできた堆積岩。貝、サンゴ、プランクトンなどの死骸がつみ重なってできる。

きのこの形になるのはなぜ？

強い風がふいたり、風によって運ばれた砂によって岩や地面がけずられることを「風食」といいます。

砂嵐も、風で砂をまき上げます。そして、砂が飛びはねて岩にぶつかり、岩をけずります。

砂のつぶが小さなものや、さらに細かいちりのようなものは、軽すぎて風で高く飛ばされてしまいます。反対に、大きな砂つぶは重いので、地面近くを飛びはねて岩にぶつかり、岩をけずります。

そうして、岩の根元がどんどんすり減って細くなり、きのこのような形になります。

小さな砂つぶは、高く飛ばされる。

大きな砂つぶは、地面近くを飛びはねて岩の根元にぶつかる。

美しいアーチをえがく岩の橋！

「ダブルオーアーチ」は、名前のとおり2つの穴があいたアーチ。小さな円の上に大きな円がのったようなつくりで、小さな方は通りぬけることができる。

小さな円はここ！

アーチーズ国立公園
アメリカ

自然にできた岩のアーチが点在する公園。岩の前に立つ人とくらべると、その大きさは一目瞭然。

大小2000以上のアーチが見られる公園

　アーチーズ国立公園は、岩でできたアーチ（天然橋）が2000以上も見られる自然豊かな場所です。年間降水量は日本（東京）の5分の1と、とても乾燥した地域です。

　アーチは、代表的なものに名前がつけられていて、写真は「ダブルオーアーチ」です。現在も岩の侵食＊が進んでいて、新しいアーチが生まれ、古いアーチは崩壊が心配されています。

どうやってアーチができたの？

　アーチーズ国立公園のある場所は、むかし浅い海が広がっていました。当時の暑い気候と乾燥によって海水が蒸発して、ぶ厚い岩塩の層ができ、さらにその上に砂や泥の層がつみ重なって砂岩の層ができました。

　その後、地殻変動によって変形しやすい岩塩の層がおされて動き、地層に垂直の割れ目ができました。そこから水が入りこみ、岩塩の層をだんだん溶かしたり、砂岩層をくずしたりして、一部がアーチのような形に残りました。

砂岩層の圧力で地層が変形し、ひび割れができる。

水で岩塩の層が溶けて、フィンとよばれる板状の岩ができる。

水や風でフィンがくずれたり、穴があいたりする。

一部がバランスを保ったまま残り、アーチになる。

＊風や雨、海の波や河川の流れなど、自然の力が原因で地面や岩石がけずられること。

アーチーズ国立公園のさまざまなアーチ

アーチーズ国立公園には、大きさ、形など、さまざまなアーチが残っており、まるで自然の美術館のよう。

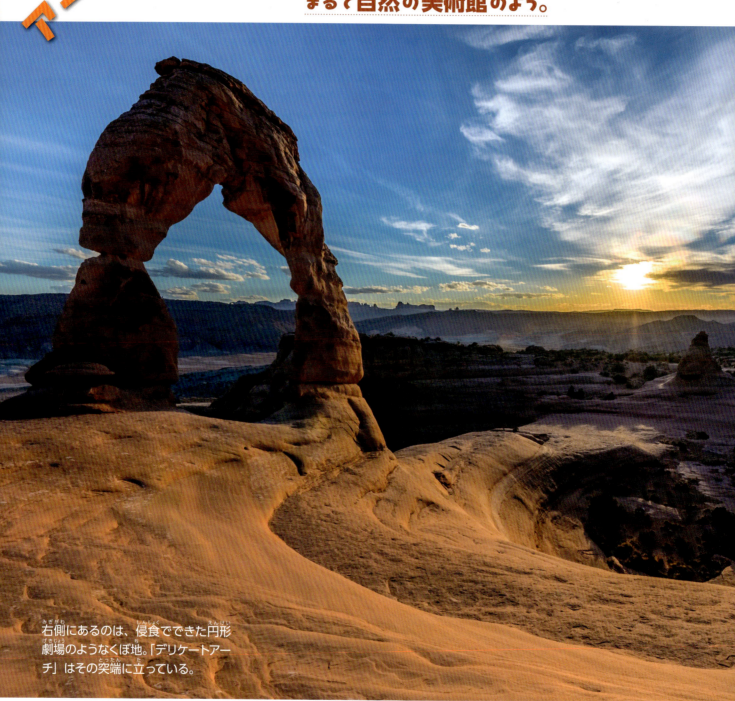

右側にあるのは、侵食でできた円形劇場のようなくぼ地。「デリケートアーチ」はその突端に立っている。

もっとも有名な「デリケートアーチ」

アーチーズ国立公園のあるユタ州のシンボルにもなっている「デリケートアーチ」は、高さ約14m、はば約10mの巨大な門のようなアーチ。

アーチは、デリケート（繊細な）と名づけられたとおり、アルファベットの「U」の字をさかさまにしたような、絶妙なバランスで立っています。現在のような形になるまでに、約7万年ほどかけてできたと考えられています。

「ランドスケープアーチ」は、アメリカ国内の自然に存在するもっとも長いアーチ。

うすい板の橋「ランドスケープアーチ」

「デリケートアーチ」とならんで有名なのが「ランドスケープアーチ」です。全長約90m、岩と岩の間に橋をわたしたようなアーチです。

岩の厚さは、もっともうすいところで約3.4mしかありません。くずれるおそれがあるため、アーチの真下まで行くことは禁止されています。アーチの下には、くずれ落ちた岩がたくさん転がっています。

◀バランスロックは現在立っているもののそばにもう一つ小さなものがあったが、水や風による侵食でくずれた。

落ちそうで落ちない「バランスロック」

今にも転げ落ちそうな、絶妙なバランスで立っている岩は「バランスロック」とよばれています。高さは約39m、台座の岩の上に、ほんのわずかな接着面で卵形の岩をくっつけたようなすがたです。360度回って見ることができます。

29

地面からつき出た巨大な岩！

地面からつき出たデビルズタワーは、もともと地中にうまっていた。壁面にできた「柱状節理」の筋のようすを、アメリカ先住民はクマが岩を引っかいたつめあとにたとえる。

石の柱を束ねたようなふしぎな形は、
アメリカ先住民からクマが引っかいたあとにたとえられた。

デビルズタワー
アメリカ

地中からあらわれた巨大岩

デビルズタワー（悪魔の塔）は、平地につき出た大きな岩山です。ふもとから頂上までの高さは386mもあり、ロッククライミングをすることもできます。

デビルズタワーは、大きな溶岩のかたまりです。壁面に六角形の柱が連なっているのは、溶岩がゆっくり冷えて固まるときに六角形になる「柱状節理」のためです。

デビルズタワーはどうやってできたの？

地下から上昇してきた溶岩が、堆積岩*の層に入りこむ。

地中で冷えて固まり、火成岩になる。

その後、雨や風でまわりの堆積岩がけずられ、火成岩だけが地上に顔を出して残った。

このように、地下のマグマが冷えてかたまり、侵食によって地表にあらわれることを「岩頸」という。

*陸上や水底につみ重なった土や砂、生き物の死骸、火山の噴出物などが固まってできた岩石。

ミルフィーユのような赤い大地！

**見わたすかぎりの山をおおう、地層でできたしまもよう。
雨にぬれたり、夕日に照らされたりすると、山肌が真っ赤に燃えたよう。**

七色に輝くといわれる絶景

「地貌」とは、大地がもり上がった後、侵食されてあらわれた赤い堆積岩からなる地層のことです。中国中央北部の張掖にある丹霞地貌は、地殻変動でかたむいたり曲がったりした地層が雨や風によってあらわれ、みごとなしまもようをつくり出しています。張掖丹霞地貌は2002年に発見された中国でも新しい絶景です。さまざまな色の正体は、それぞれの層の石やねん土にふくまれる鉱物の種類です。このあざやかな色の層は「七彩丹霞」ともよばれます。

張掖丹霞地貌
中国

中国語で「丹」は赤を、「霞」は夕焼けで空が赤くそまるようすをあらわす。地層のグラデーションは、夕日を受けるとさらにはっきり赤く、美しい絶景に変わる。

ななめの地層はどうやってできたの？

恐竜たちが生きていた白亜紀（1億4500万年前〜約6600万年前）に堆積した砂岩やれき岩でつくられた地層が、ヒマラヤ山脈がつくられたときの造山運動による強い力でおし曲げられ、その後、雨や風によって断面があらわれました。

さまざまな鉱物の層が重なり、ミルフィーユのような地層になる。

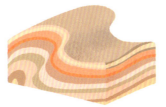
地層に強い力が加えられ、かたむいたり、曲がったりする。

雨や風によって地層がけずられ、もようがあらわれる。

巨人の足のような太い木！

▲木の根元にいる大人とくらべると、その大きさがよくわかる。

人が座っているのは、セコイアの木の幹。
2000年以上かけて、世界一の高さまで育つ。

115mの世界一高い木

アメリカの西海岸には世界一高い木といわれるセコイアの森が広がる、ヨセミテ国立公園、セコイア国立公園、キングス・キャニオン国立公園などが集まっています。ヨセミテ国立公園にそびえ立つ500本ものセコイアの巨木の多くは、樹齢2000年以上になるといいます。

もっとも高いのは、レッドウッド国立公園の「ハイペリオン」とよばれるセコイアの木で、115.85mもあります。

セコイアの森
アメリカ

セコイアの森があるヨセミテ国立公園の面積は約3080平方km。東京都の約1.4倍という広大な公園がシエラネバダ山脈の西のふもとにある。

木の高さをくらべてみよう！

世界一のセコイアの木と、いろいろな木をくらべてみよう。

- バオバブ（アフリカ・マダガスカルなど） 20m
- 竜血樹（スペイン） 20m
- ヤエヤマヤシ（日本） 25m
- 縄文杉（日本） 25.3m
- セイヨウトチノキ（ギリシアなど） 36m
- 栢野の大スギ（日本） 54.8m
- モミ（アメリカ） 70m
- セコイア（アメリカ） 115m

世界の木いろいろ

バオバブ
マダガスカル
アフリカなど

セコイアのほかにも、世界には見たこともないようなふしぎで、おもしろい木がたくさん！

長く太い幹をもつ木

お城の柱のような、とてつもなく太い幹の巨木です。幹の先にだけ枝が生えているすがたは、さか立ちしているようにも見えます。

この太い幹の中にたくさんの水をたくわえることができるため、雨の少ない地域でも大きく成長することができるのです。

また、果実や花、葉は食べることができ、樹皮は、はいで家のかべにすることもあります。食料や材料などさまざまな活用法があることから、現地の人びとに大切にされています。

マダガスカルには、全長約260mにわたってバオバブがならぶ「バオバブ・アベニュー（並木道）」がある。バオバブは、作家サン・テグジュペリの小説『星の王子様』にも登場する木だ。

竜血樹
スペイン

竜の生まれ変わりといわれる木

7つの小さな島からなる、スペインのカナリア諸島のテネリフェ島などに生えています。ブロッコリーのようなすがたと、毛細血管のような枝ぶりが特ちょうで、樹液が空気にふれると赤くなることから名前がつけられました。

むかしは、この樹液をケガの炎症をおさえるためにキズ口にぬったりして利用していたようです。現在はおもに染料などとして使われています。

▶竜血樹の生えるカナリア諸島では、ドラゴンが死ぬと竜血樹になるという言い伝えがある。

トゥーレ村の人びとは、木を守るために道路を回り道させるなど、保護活動にも力を入れている。

トゥーレの木
メキシコ

世界一太い幹をもつ木

メキシコ南部のトゥーレ村に生える「トゥーレの木」とよばれるヌマスギの巨木です。現地の人にはメキシコ先住民の言葉で「アウェウェテ（水の老人）」ともよばれています。幹の太さがおよそ58mもあり、大人30人ほどが手をつないでやっとかこむことができる大きさです。

あまりの太さに、はじめは数本の木が合体したものと考えられていましたが、DNAを調べた結果、1つの木であることがわかり、世界一が証明されました。

世界最大級の

**南極をのぞくと地球上でもっとも寒い森。
冬には土や川などすべてがこおり、一面真っ白の絶景となる。**

世界の木材をになう森

タイガは、北半球と北極圏の間、ロシア、シベリア、アラスカ、カナダに広がる針葉樹の森です。マツやトウヒなど、見わたすかぎりの針葉樹が育つのに必要な水は、地下の永久凍土が支えています。針葉樹の針のようなかたい葉は、水分が少ないのでこおりにくく、雪がすべり落ちやすく枝が折れることがないため、雪がたくさん降る地域でもかれることがありません。

アムールトラなど希少な動物の生息する場所でもあります。

タイガ
ロシアなど

こおりついた森

タイガは地球の森林面積の3分の1以上をしめる最大の針葉樹の森。タイガの森に生える針葉樹は幹がまっすぐなことから、建築材や紙の原料として使われる。近年は森林面積の減少が問題になっている

永久凍土って何？

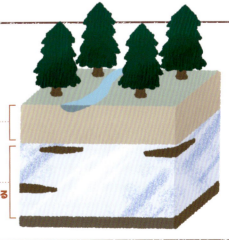

活動層
季節により溶ける

永久凍土
2年以上こおっている

　永久凍土とは、2年以上地下の温度が0度以下にこおった状態の地盤のことです。北半球の約25％をしめるといわれています。
　永久凍土は水がしみこみにくいので、地表と永久凍土の間の地層で雨水をためることができたり、夏になると表層が溶けたりして、土の水分を保つはたらきがあります。
　近年、地球温暖化の影響で永久凍土が溶け出して地盤がゆるんだり、こおっていた二酸化炭素やメタンが放出されたりすることが問題となっています。

ギザギザ、でこぼこの柱がならぶ山！

ブライス・キャニオン国立公園は、コロラド高原にある。がけから離れるにしたがって侵食が進むので、割れ目は深く、土柱の高さはどんどん低くなる。

積み木を積んだような土の塔は、
大きなものは高さ50m以上。
世界三大土柱の一つに数えられる尖塔群。

ブライス・キャニオン
アメリカ

形を変え続ける土の塔

ブライス・キャニオンは、かつて湖の底にたまっていた石灰質の泥や砂が層になった岩でできています。キャニオン（渓谷）とよばれていますが、台地が氷や水などによってけずられて、土の柱が連なる渓谷のような地形に変化した場所で、渓谷とはちがいます。現在も侵食が続いており、土柱も形を変えています。

ブライス・キャニオンの土柱はイタリアの南チロル地方の土柱、日本の徳島県の阿波の土柱と合わせて世界三大土柱とよばれています。

どうして岩がくずれるの？

水はこおるとふくらむ性質があります。岩の割れ目にしみこんだ雨水などがこおると、ひびが広がり、少しずつ岩がくずれたり、割れたりします。これを「凍結破砕」といいます。

ブライス・キャニオンは標高が高く、夜になると氷点下まで気温が下がるため、「凍結破砕」をくり返して、岩の形を変えてきました。

土柱がでこぼこしているのは、くずれやすい砂の層と、くずれにくい石灰質の層が重なっているからです。

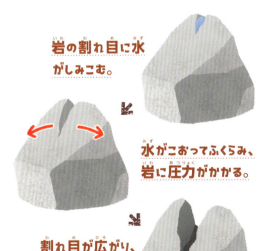

岩の割れ目に水がしみこむ。

水がこおってふくらみ、岩に圧力がかかる。

割れ目が広がり、岩はくずれたり、割れたりする。

41

レーストラック・プラヤ
アメリカ

かわいた土の上に残された
長く引きずられたあとと、ぽつんと置かれた石。
どうやって転がったのだろう。

直径45cmの石も動く

動く石が見られるのは、カリフォルニア州のデスバレー（死の谷）国立公園にある、レーストラック・プラヤという塩湖のあとです。平原に、くっきりと石が転がったあとが残っていますが、石の大きさは直径15cmから大きなものでは直径45cmにもなります。しかし平原に坂はなく、人の足あとなどもないため、石がどのように転がったのか、近年までわかっていませんでした。

どのように石が動くの？

アメリカの研究者が石にGPSをつけて動きを観察しました。すると、雨でできた水たまりがこおり、氷が割れて破片になったところに風がふくと、石に氷の破片がつみ重なり、少しずつ石をおしていることがわかりました。地面がかわくと、石が動いたあとだけが残るというわけです。

雨でできた水たまりが気温が下がってこおる。

風がふき、流された氷におされて石が動く。

地面が乾燥して、あとだけが残る。

燃える穴は地獄へ続く門のよう

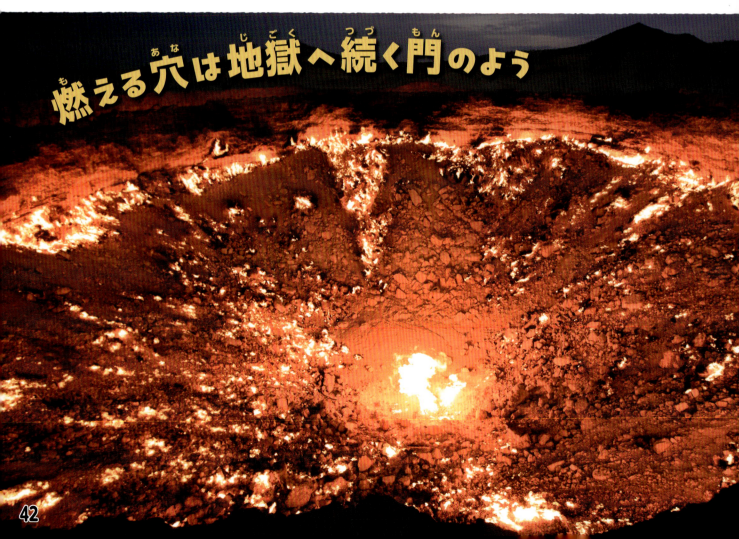

ころころ……ひとりでに動き出す石!?

「プラヤ」は砂漠にある低い場所のこと。「レーストラック」とは競技場のことで、点在する石が競争をしているように見えることから名前がついた。

地獄の門
トルクメニスタン

地獄の門は、すぐそばまで近づけるので、メラメラと火が燃える穴の中のようすを観察することができる。

穴の中でメラメラと燃え続けるガス

地獄の門は、トルクメニスタンのカラクム砂漠にある直径70m、深さ30mの天然ガスの噴出によって炎が上がる大きな穴です。

1971年に天然ガスの掘削調査をしたとき、地盤がくずれて大きな穴ができました。有毒ガスが周りに広がるのをふせぐため、ガスを燃やしつくそうと火をつけたところ、火の勢いは止まらず、今もふき出すガスによって燃え続けています。

トルクメニスタンは天然ガスの埋蔵量が多い資源大国のため、ふき出し続ける天然ガスによる火がいつ消えるのか、未だにわかっていません。

43

世界一大きな、砂の山！

**海と内陸の山にはさまれた、南北約1900kmにおよぶ細く長い砂漠。
太陽に照らされると、燃えるように真っ赤にそまる。**

世界最古の砂漠

砂漠は、年間の降水量が250㎜以下、降る雨の量よりも蒸発する量の方が多い、乾燥した地域のことです。

ナミブ砂漠はナミビアの太平洋側にあります。海からの強風によって世界一大きな砂丘ができることで有名で、その高さは300mにおよぶこともあります。砂が赤いのは、鉄分が多くふくまれているからで、海が近い場所は白い砂、内陸では酸化*して赤い砂になります。

*空気中の酸素と結びついて物質が変化すること。鉄は酸化すると赤くなる。

ナミブ砂漠はどうやってできたの？

海から内陸へふく風によって砂が運ばれ、つくられるのが「海岸砂漠」です。海岸にそって流れる冷たい海流にのった風は、陸にふきこんでも冷たく乾燥しているため、陸で雨が降らず砂漠になります。

ナミブ砂漠は、南アフリカのドラケンスバーグ山脈からオレンジ川を通って流れ出た砂が、海からの強風によって内陸におし返されてできました。南アメリカのアカタマ砂漠も代表的な海岸砂漠です。

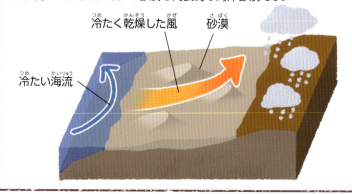

ナミブ砂漠
ナミビア

ナミブ砂漠ではいろいろな方向からふく風で砂丘の形がかわり、星や三日月のような形の砂丘ができることがある。

▲ナミブ砂漠にだけ生える植物「ウェルウィッチア」。寿命がとても長く、1000年以上生きるものもある。2〜3mのさけた昆布のような葉は、死ぬまでに1対しか生えない。

◀ナミブ砂漠の浜辺には、南極大陸からオットセイがやってくる。

トロルトゥンガ
ノルウェー

巨人の舌の上に立ってみた!?

かこいも命づなもない岩の先に立ち、スリル満点で見るフィヨルドの絶景。

がけからつき出た一枚岩

　トロルトゥンガは、ノルウェーのハダンゲルフィヨルドの一角にあります。高さ約700mの切り立ったがけからつき出た岩が、トロル（北欧の伝説に登場する巨人）の舌のように見えることから名づけられました。トロルトゥンガから見えるハダンゲルフィヨルドは、全長約180kmの世界を代表するフィヨルドです。

フィヨルドって何？

　フィヨルドは、氷河にけずられてできた深いU字形の谷に海水が入りこみ、海の一部になった地形のことです。1年に数百mのスピードで進むこともある氷河は、谷をするどくけずります。ノルウェー最大のソグネフィヨルドでは、水深が1300mをこえる場所もあります。ノルウェーやスウェーデンなどヨーロッパ北部は、フィヨルドの地形が多く見られます。

雪が積もって氷河になる。

氷河が川底を深くけずる。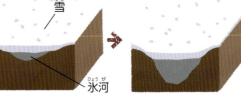

氷河が溶けて、海水で満たされる。

渓谷の長さは500m、深さも50mほどしかありません。渓谷の中のはばもとてもせまく、人がすれちがえるくらいです。

アンテロープ・キャニオン
アメリカ

大地をけずってつくられた自然の迷路!?

鉄砲水でつくられた渓谷

アンテロープ・キャニオンは、コロラド川の支流、アンテロープ川流域で発生した豪雨の水が流れこみ、砂や水をまきこんだ鉄砲水となって岩をけずり、できあがった渓谷です。

鉄砲水によってけずられた大地のみぞは、水が引いた後、乾燥してひび割れ、また鉄砲水で流されることをくり返し、どんどん広がっていきました。

渓谷は天井に近いほど鉄砲水にけずられにくいので、せばまったすき間から光がさし、美しい光の柱が見られます。

さくいん

あ行

アーチーズ国立公園 ………… 26-27、28-29
アフリカ（大陸） ……………… 10-11、36
アメリカ…18-19、20-21、22-23、26-27、
　　　　　30-31、34-35、40-41、42-43、47
アラビア砂漠 ……………………………… 12
アルプス山脈 ……………………………… 17
アンテロープ・キャニオン ……………… 47
アンモナイト ……………………………… 17
インダス川 ………………………………… 17
インド ……………………………………… 17
ウェルウィッチア ………………………… 45
永久凍土 ……………………………… 38-39
エジプト ……………………………… 24-25
エチオピア ………………………………… 4-5
エベレスト …………………… 14-15、16-17
エルタ・アレ …………………… 4-5、6-7
オアシス …………………………………… 13
温泉 ………………………………………… 19

か行

海岸砂漠 …………………………………… 44
火砕流 ……………………………………… 9
火山 …………………… 4-5、6-7、8-9
火山性温泉 ………………………………… 19
火山灰 ………………………………… 9、21
火成岩 ……………………………………… 31
火道 ………………………………………… 9
栢野の大スギ ……………………………… 35
岩頸 ………………………………………… 31
ガンジス川 ………………………………… 17
峡谷 …………………………………… 20-21
キラウエア火山 …………………… 7、8-9
グランド・キャニオン …………… 20-21
渓谷 ……………………………………… 41、47
黄河 …………………………………… 15、17

コロラド川 …………………………… 20-21

さ行

ザ・ウェーブ ………………………… 22-23
砂岩層 ……………………………………… 23
砂丘 …………………………………… 13、44-45
砂漠 …………… 10-11、12-13、24、43、44-45
サハラ砂漠 ……………………………… 10-11
砂簾 ………………………………………… 13
サンドブラスト …………………………… 24
三葉虫 …………………………………… 17、21
地獄の門 …………………………………… 42-43
七彩丹霞 …………………………………… 32
縄文杉 ……………………………………… 35
白砂漠 ……………………………………… 24-25
侵食 ……………………………………… 27、32
ストロンボリ式噴火 ………………………… 8
スペイン …………………………………… 37
成層火山 ……………………………………… 7
セイヨウトチノキ ………………………… 35
世界の高い山トップ10 …………………… 16
世界の屋根 ………………………………… 15
セコイアの森 ……………………………… 34-35
石灰階段 …………………………………… 19
石灰岩 ……………………………………… 24
側火山 ……………………………………… 9

た行

タイガ ………………………………… 38-39
堆積岩 …………………………………… 31、32
楯状火山 …………………………………… 7
ダナキル砂漠 ……………………………… 4-5
ダブルオーアーチ ………………………… 26-27
炭酸カルシウム …………………………… 19
地層 …………………… 20-21、23、32-33
チベット …………………………………… 14-15
地貌 ………………………………………… 32-33

中国 …………………… 14-15、16、32-33	富士山 ………………………… 7、16
柱状節理 …………………………… 30-31	フライガイザー ……………………… 18-19
張掖丹霞地貌 ……………………… 32-33	ブライス・キャニオン ……………… 40-41
デザートローズ …………………………… 12	ブラックロック砂漠 ………………… 18-19
デスゾーン ………………………………… 16	プリニー式噴火 ……………………………… 9
デビルズタワー（悪魔の塔） …… 30-31	ブルカノ式噴火 ……………………………… 8
デリケートアーチ ……………………… 28-29	噴煙 ………………………………………………… 9
トゥーレの木 ……………………………… 37	噴出物 …………………………………………… 9
凍結破砕 …………………………………… 41	噴泉塔 …………………………………………… 19
土柱 ………………………………………… 41	
鳥取砂丘 …………………………………… 13	**ま行**
トルクメニスタン ……………………… 42-43	マダガスカル …………………………… 36
トロルトゥンガ ………………………… 46-47	マッシュルームロック …………… 24-25
	メキシコ ……………………………………… 37
な行	メコン川 ……………………………………… 17
ナミビア ……………………………… 44-45	モミ ……………………………………………… 35
ナミブ砂漠 …………………………… 44-45	
日本の山 …………………………………… 16	**や行**
ヌマスギ …………………………………… 37	ヤエヤマヤシ ……………………………… 35
ネパール …………………………………… 16	ユーラシア大陸 ……………………… 17
ノルウェー …………………………… 46-47	溶岩（マグマ） ………… 4-5、6-7、8-9、31
	溶岩湖 ……………………………… 4-5、6-7
は行	溶岩だまり ………………………………… 9
ハイペリオン ………………………………… 34	溶岩ドーム ………………………………… 7
バオバブ …………………………… 35、36	溶岩噴泉 …………………………………… 9
バオバブ・アベニュー ………………… 36	ヨセミテ国立公園 …………………… 34-35
バランスロック …………………………… 29	
ハワイ式噴火 ……………………………… 8	**ら行**
ハワイ島 …………………………………… 9	ランドスケープアーチ ………………… 29
非火山性温泉 …………………………… 19	リビア ………………………………………… 13
火のカーテン ……………………………… 9	リビア砂漠 ………………………………… 13
ヒマラヤ山脈 ……… 14-15、16-17、33	竜血樹 ……………………………… 35、37
氷河 ………………………………………… 17	レーストラック・プラヤ ……………… 42-43
氷河湖 ……………………………………… 17	ロシア ………………………………… 38-39
フィヨルド …………………………………… 46	
風食 ………………………………… 23、25	
風紋 ………………………………………… 12	

監修　井田仁康（いだ よしやす）

1958年東京都生まれ。筑波大学名誉教授。社会科教育・地理教育の実践的研究を専門とし、日本社会科教育学会長、日本地理教育学会長を歴任、現在は日本地理学会長。編著に『世界の今がわかる「地理」の本』（三笠書房）、『13歳からの世界地図』（幻冬舎）、『日本の自然と人びとのくらし』（岩崎書店）などがある。

- イラスト ── いわにしまゆみ・森永みぐ
- 装丁・デザイン ── 坂田良子
- 校　　正 ── 滄流社
- 編　　集 ── グループ・コロンブス
- 写　　真 ── アフロ・PIXTA

行きたい！知りたい！びっくり！世界の大自然 ❶ 大地の絶景

2025年1月31日　第1刷発行

監　修	井田仁康
発行者	小松崎敬子
発行所	株式会社岩崎書店
	〒112-0014 東京都文京区関口2-3-3 7F
電　話	03-6626-5080（営業）／03-6626-5082（編集）
印　刷	株式会社東京印書館
製　本	大村製本株式会社

©2025 Group Columbus
Published by IWASAKI Publishing Co., Ltd. Printed in Japan
NDC 450 ISBN 978-4-265-09237-6
29×22cm 50P

岩崎書店ホームページ　https://www.iwasakishoten.co.jp
ご意見・ご感想をお寄せください。
info@iwasakishoten.co.jp

落丁本・乱丁本は小社負担にておとりかえいたします。
本書のコピー、スキャン、デジタル化等の無断複製は著作権法上での例外を除き禁じられています。本書を代行業者等の第三者に依頼してスキャンやデジタル化することは、たとえ個人や家庭内での利用であっても一切認められておりません。朗読や読み聞かせ動画での配信も著作権法で禁じられています。